给孩子插上科学的翅膀

U0325563

为什么水能够灭火

温会会◎文　曾平◎绘

浙江摄影出版社
全国百佳图书出版单位

山林中，一颗小火星正悄悄扩大它的影响力。
噗——小火星变成了小火苗，森林开始燃烧起来。
哗啦啦……突然间，天空下起了雨，终止了这场山火。

为什么水能够灭火呢？

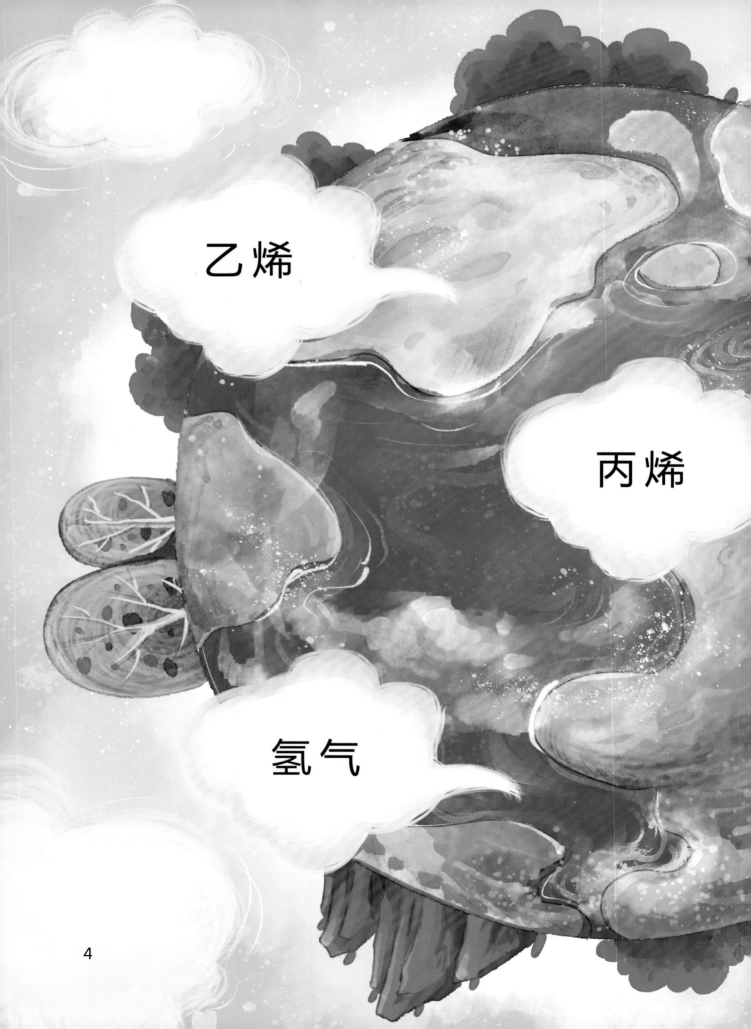

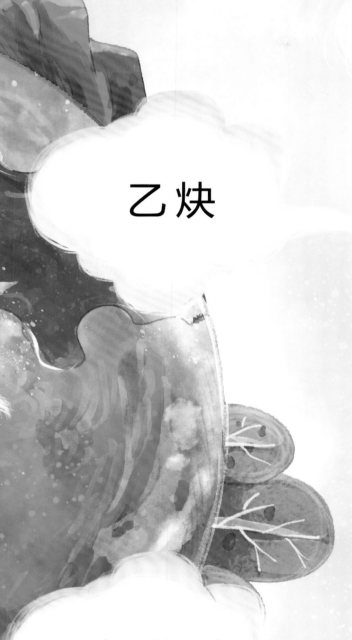

乙炔

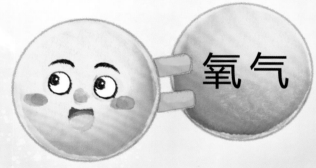

氧气

一氧化碳

我们先来了解一下火是如何产生的吧！

空气中飘浮着各种各样的气体，其中就有可爱的氧气。

氧气无色无味，在它们的帮助下，可燃物才能够燃烧哦！

自然界的各种物质都有自己的燃点，在达到燃点之前，它们十分安静。

　　随着温度逐渐接近燃点，物质们就会变得躁动起来！

　　这时，一旦氧气分子靠近这些物质，物质就会被瞬间点燃，燃烧起来！

　　物质在燃烧时会释放出大量的热量，这些热量使温度不断上升，从而使周围的物质始终能够达到自己的燃点，不断地燃烧。

　　那么水为什么能灭火呢？

　　让我们先来了解一下水分子的构成吧！

水是我们日常生活中很常见的物质。

看，水分子是由两个氢原子和一个氧原子组成的。

10

变成水蒸气的水分子并没有着急飘走，而是继续留在火的周围。

14

瞧！水蒸气就像一个大大
的罩子，将火焰笼罩在其中。

水蒸气组成的罩子密不透风，其他分子
休想通过。这可愁坏了氧气分子！

快放我进去，
火焰的燃烧需要我
的助力！

然而，即使氧气分子想尽办法，
也不能冲破水蒸气的包围。

　　由于水的蒸发带走了许多热量，火焰的温度不断下降。

　　同时，氧气分子又纷纷被水蒸气隔绝在外，导致火焰失去氧气的支持。

　　噗——随着一声轻响，火焰熄灭了。

然而，并不是所有的火都能够被水扑灭。

油类燃烧时，水就不能用来灭火了，这是为什么呢？

让我们先来了解一下油类物质的特质吧！

我是油，比水轻很多，而且不会和水融合在一起。

看，当水和油混合在一起时，分层就出现了——水在下方，油在上方。

当油类物质燃烧时，如果朝它们泼水，水会沉到油的下方，无法达到灭火的效果。

更糟糕的是，水碰到燃烧的油之后，会迅速汽化成水蒸气，从而把油带到空气中，形成雾状的油滴，造成"爆燃"，使火势变得更大！

这时，我们需要使用灭火器来灭火。

如果没有灭火器也不要紧，沙土一样能够灭火。

它们灭火的原理与水相同，都是通过隔绝氧气、降低温度来实现。

责任编辑　李含雨
责任校对　高余朵
责任印制　汪立峰　陈震宇

项目设计　北视国

图书在版编目（CIP）数据

为什么水能够灭火 / 温会会文；曾平绘 . -- 杭州 ：
浙江摄影出版社，2023.12
（给孩子插上科学的翅膀）
ISBN 978-7-5514-4753-9

Ⅰ．①为… Ⅱ．①温… ②曾… Ⅲ．①火灾—少儿读
物 Ⅳ．① X928.7-49

中国国家版本馆 CIP 数据核字 (2023) 第 226842 号

WEISHENME SHUI NENGGOU MIEHUO
为什么水能够灭火
（给孩子插上科学的翅膀）

温会会　文　曾平　绘

全国百佳图书出版单位
浙江摄影出版社出版发行
　　　地址：杭州市体育场路 347 号
　　　邮编：310006
　　　电话：0571-85151082
　　　网址：www.photo.zjcb.com
制版：杭州市西湖区义明图文设计工作室
印刷：北京天恒嘉业印刷有限公司
开本：889mm×1194mm　1/16
印张：2
2023 年 12 月第 1 版　　2023 年 12 月第 1 次印刷
ISBN　978-7-5514-4753-9
定价：39.80 元